有声伴读

神奇的动物朋友们

我为什么长这样

李硕 编著

浙江摄影出版社

全国百佳图书出版单位

这一天，食蚁兽在森林里捕食蚂蚁。

它张开长长的嘴巴，伸出黏糊糊的舌头，一下就把蚂蚁卷进嘴里。

路过的小兔子见到食蚁兽，忍不住捂嘴直笑。
"食蚁兽，你长得真奇怪啊！"小兔子说。

4

食蚁兽听了小兔子的话，赶紧来到河边对着河水照照。

它歪着头说："我看起来很奇怪吗？我觉得挺正常的呀！"

接着，食蚁兽做了个决定："我要去寻找长相比我更奇怪的朋友！"

食蚁兽走进了郁郁葱葱的树林。

看，树上倒挂着一只树懒，它长相奇特，爪子像弯钩一样。

食蚁兽指着树懒的爪子，好奇地问：
"树懒，你的爪子为什么长这样呢？"
树懒缓缓地睁开眼睛，懒洋洋地说：
"有了这双抓力强大的爪子，我就能够
倒挂在树上睡觉啦！"

食蚁兽走在草地上，看到了一条盘着的蝮蛇。

别瞧蝮蛇的头小，它的嘴可以张得很大！

食蚁兽指着蝮蛇的嘴，好奇地问："蝮蛇，你的嘴为什么长这样呢？"

蝮蛇迅速地捉到了一只大蟾蜍，一口就吞了下去，说："有了这张可以张大的嘴巴，我就可以吞下体积大的食物。"

食蚁兽继续往前走，来到了广阔的草原上。
草原上有一只长颈鹿，它正在悠闲地吃着树上的叶子。

食蚁兽指着长颈鹿的脖子，好奇地问："长颈鹿，你的脖子为什么长这样呢？"

长颈鹿一边吃着叶子一边说："有了长长的脖子，我就能吃到其他动物吃不到的高处的叶子啦！"

食蚁兽来到小河边，看到了正在捕食的鸬鹚。
鸬鹚的嘴巴长得很奇特，末端就像一个尖锐的钩子。

食蚁兽指着鸬鹚的嘴巴，好奇地问：
"鸬鹚，你的嘴巴为什么长这样呢？"

鸬鹚叼起一条鱼，一口就吞了下去，说："尖钩般的嘴巴在我捕鱼的时候能够起到很大的作用。"

食蚁兽来到大海边，遇到了露出水面换气的鲸鱼。

鲸鱼的"鼻孔"长在头顶上，露出水面时会喷出高高的水柱。

食蚁兽指着鲸鱼的"鼻孔"，好奇地问："鲸鱼，你的'鼻孔'为什么长这样呢？"

鲸鱼笑着说："我的'鼻孔'长在头顶，这样我只要稍微露出海面就能呼吸啦！"

食蚁兽走进炎热的沙漠，碰到了正在长途跋涉的骆驼。骆驼的背上有两座高高凸起的驼峰。

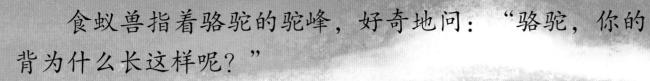

食蚁兽指着骆驼的驼峰，好奇地问："骆驼，你的背为什么长这样呢？"

骆驼笑着说："我的驼峰里储存着厚厚的脂肪，能够在食物匮乏的沙漠里给我提供源源不断的能量。要是没有它们，我可没办法成为'沙漠之舟'。"

19

食蚁兽来到寒冷的南极，遇到了可爱的企鹅。
企鹅拍了拍小小的翅膀，一摇一摆地朝食蚁兽走了过来。

食蚁兽指着企鹅的翅膀，好奇地问："企鹅，你的翅膀为什么长这样呢？"

企鹅笑着说："我的翅膀虽然不能支撑我飞翔，但是可以帮助我在水下快速游动。"

见过了这么多长相奇特的动物朋友，食蚁兽愉快地回到了家。
在家门口，它见到了坐在地上挠痒痒的小兔子。
"好痒啊！"小兔子说。

原来，淘气的蚂蚁爬到了小兔子身上。

"食蚁兽，你能帮我抓蚂蚁吗？"小兔子恳求道。

"当然可以，交给我吧！"食蚁兽一口答应了。

食蚁兽伸出长长的舌头，轻轻一舔，就把蚂蚁一扫而光了。

24

"啊，舒服多了！食蚁兽，谢谢你。真羡慕你有长长的舌头！"小兔子由衷地道谢。

听了小兔子的称赞，食蚁兽露出了灿烂的笑容。

这时，食蚁兽也明白了：所有动物都是独一无二的，都能发挥独特的作用，没必要为自己的独特而烦恼！

责任编辑　瞿昌林
责任校对　高余朵
责任印制　汪立峰

项目策划　北视国
装帧设计　太阳雨工作室

图书在版编目（CIP）数据

我为什么长这样 / 李硕编著 . -- 杭州 ：浙江摄影
出版社 ， 2022.6
（神奇的动物朋友们）
ISBN 978-7-5514-3923-7

Ⅰ ． ①我… Ⅱ ． ①李… Ⅲ ． ①动物-少儿读物
Ⅳ ． ① Q95-49

中国版本图书馆 CIP 数据核字 (2022) 第 068969 号

WO WEISHENME ZHANG ZHEYANG

我为什么长这样

（神奇的动物朋友们）

李硕　编著

全国百佳图书出版单位
浙江摄影出版社出版发行
　　　地址：杭州市体育场路 347 号
　　　邮编：310006
　　　电话：0571-85151082
　　　网址：www. photo. zjcb. com
制版：北京市大观音堂鑫鑫国际图书音像有限公司
印刷：三河市天润建兴印务有限公司
开本：787mm×1092mm　1/12
印张：2.67
2022 年 6 月第 1 版　　2022 年 6 月第 1 次印刷
ISBN 978-7-5514-3923-7
定价：49.80 元